STEAM创新研学系列

张 航
主编

U0177744

咖啡师
桥梁工程师

张 航 任徐静 林晓心 编著

海峡出版发行集团
THE STRAITS PUBLISHING & DISTRIBUTING GROUP
福建教育出版社

图书在版编目（CIP）数据

咖啡师　桥梁工程师/张航，任徐静，林晓心编著
. 一福州：福建教育出版社，2021.6
（STEAM 创新研学系列/张航主编）
ISBN 978-7-5334-8853-6

Ⅰ．①咖…　Ⅱ．①张…②任…③林…　Ⅲ．①咖啡一
配制一少儿读物②桥梁工程一少儿读物　Ⅳ.
①TS273-49②U44-49

中国版本图书馆 CIP 数据核字（2020）第 160143 号

STEAM 创新研学系列

Kafeishi　Qiaoliang Gongchengshi

咖啡师　桥梁工程师

张航　　任徐静　　林晓心　　编著

出版发行　**福建教育出版社**

（福州市梦山路 27 号　邮编：350025　网址：www.fep.com.cn

编辑部电话：0591-83716190

发行部电话：0591-83721876　83727027　83726921）

印　　刷　福州凯达印务有限公司

（福州市仓山区建新镇红江路 2 号浦上工业区 B 区 47 号楼　电话：0591-63188556）

开　　本　787 毫米×1092 毫米　1/16

印　　张　8

版　　次　2021 年 6 月第 1 版　　2021 年 6 月第 1 次印刷

书　　号　ISBN 978-7-5334-8853-6

定　　价　39.00 元

如发现本书印装质量问题，请向本社出版科（电话：0591-83726019）调换。

编写说明

　　STEAM 教育是一种跨学科融合的综合教育。五个字母分别代表了科学（science）、技术（technology）、工程（engineering）、艺术（art）、数学（mathematics）五个学科，它是培养综合性人才的一种创新型教学模式。而当前在中小学开展研学旅行也是新时代国家推动基础教育育人模式的新探索，其综合实践育人的宗旨与注重实践的 STEAM 教育理念不谋而合。在此背景下，中国科学院科普联盟科教创新专业委员会执行委员、福建师范大学研究生导师、福建省中小学科学学科带头人张航老师带领相关学科骨干教师精心编写了"STEAM 创新研学系列"丛书。本套丛书共 6 本，分别为《医生　航海家》《建筑师　音效师》《侦探　花艺师》《古生物学家　营养师》《灯光师　气象员》《咖啡师　桥梁工程师》，以 12 种生活中常见的职业为原型，从学生的发展需求出发，在生活情境中把发现的问题转化为课程主题，通过探究、服务、制作、体验等方式，将 STEAM 教育与研学教育相结合，旨在帮助教师深入理解如何将科学探究与工程实践进行整合，以提高学习者设计与实践 STEAM 研学课程的能力。

　　本丛书是一线教师和研学导师的好帮手，也是孩子在学、做、玩中成长的好伙伴！它适用于中小学及校外研学实践基地、劳动教育基地、科普教育基地等场所的教师、辅导员和学生开展创新教育活动。

2021 年 4 月

主 编 简 介

　　张航　福建小学教育公共实训基地负责人、闽江师专教科所科学教研员、三创学院创业导师，福建省中小学科学学科带头人，福建师范大学光电与信息工程学院研究生导师，中国科学院科普联盟科教创新专业委员会执行委员，福建省人工智能科教学会常务副会长，福建省创客科教协会副会长，福建教育学会小学科学教育专业委员会秘书长，科逗科爸创新研学联盟创办人。《小创客玩转科学》《AI来了》《小眼睛看大世界——职业互动立体书》等系列科教丛书的主编。

目 录

咖啡师

走近咖啡师

咖啡师的本领

STEAM实践：创意咖啡壶DIY

桥梁工程师

走近桥梁工程师

桥梁工程师本领多

STEAM实践：超级大桥我来造

咖啡师

引 言

　　咖啡豆的体积很小，却传承着悠久的历史，缔造着不朽的传奇；咖啡的世界很大，散发着别样的风味，彰显着无穷魅力。咖啡是由烘焙过的咖啡豆制成的饮料，它与茶、酒同为世界主要的饮品。咖啡里藏着许多科学知识。你知道咖啡的花与果实长什么样吗？咖啡豆要经历怎样的过程才能变成浓香四溢的饮品？你见过冲泡咖啡的各种器皿吗？你知道咖啡的冲泡方法吗？

　　我们将走近一个有趣的职业——咖啡师。他们是吧台中的科学家和艺术家，无论是精确的萃取，抑或是美丽的拉花，无不体现着咖啡师的睿智与优雅。让我们一起走进氤氲着咖啡香气的天地吧！

走近咖啡师

当我走近咖啡师
你瞧
他萃取时多专注
不禁钦佩他的睿智

当我走近咖啡师
你看
他拉花时多从容
不禁羡慕他的优雅

 我眼中的咖啡师

 你印象里的咖啡师是什么样子的?

收集咖啡师的各种图片和资料,向同伴介绍你眼中的咖啡师。

趣谈咖啡起源

相传一千多年前有位牧羊人发现自家的羊吃了一种植物后，变得非常活跃，于是，他试着和其他人一同食用这种植物的果实。神奇的事发生了，即使是昏昏欲睡的人吃了这种果实也变得精神抖擞起来。此后又经历了漫长的变迁，才最终有了今天我们喝到的咖啡。

你喝过咖啡吗？你知道哪些关于咖啡的历史呢？和同伴交流一下吧！

> 是谁把咖啡传入亚洲的呢？

> 有关咖啡的文字，最早是由阿拉伯医学家伊本·西纳在 11 世纪写下的。

> 我在书上看到过介绍，非洲是咖啡的故乡。

> 直到 11 世纪，人们才开始将水煮咖啡作为饮料。

我还知道：_____

_____

 咖啡历史小知识

虽然关于咖啡起源的传说无从考证，但咖啡树很可能是在埃塞俄比亚被发现的。历史学家认为，埃塞尔比亚人入侵也门，将咖啡带到了阿拉伯世界。到了 16 世纪，咖啡进入欧洲各国，土耳其大使把咖啡带到了法国，也催生了法国的咖啡沙龙文化。

咖啡由最早的药物演变为如今流行的饮品，制作和食用方式经历了漫长的演变，其过程大致可分为几个阶段：直接咀嚼果肉和种子—果肉加水进行熬煮—轻度烘焙生咖啡果实—深度烘焙生咖啡果实。

咖啡师最好的帮手是他们的工具，包括磨豆机、咖啡壶等，咖啡博物馆里珍藏了许多精美的磨豆机和咖啡壶，让我们一起去看看吧！

　　从直接对咖啡豆进行碾压的石臼子，到如今手动、电动，拥有不同研磨构造的磨豆机。磨豆机在不断的演变中，工艺不断进步，外型愈发精美，可以满足更多样的需求。

　　**你想设计一个什么样的磨豆机呢？和同伴讨论后画下你的设计图吧！**

咖啡壶是冲煮咖啡的器皿。让我们一起来欣赏下面造型各异的咖啡壶吧。

咖啡师的必备技能

 你认为咖啡师需要具备哪些技能呢?

_____

_____

咖啡师首先要了解并能分辨咖啡豆。咖啡豆一般可分为阿拉比卡和罗布斯塔两大家族。阿拉比卡对种植条件要求高,香气丰富,口感好,可制作精品咖啡。罗布斯塔容易种植,有特殊的香味,多用于速溶咖啡的制作。

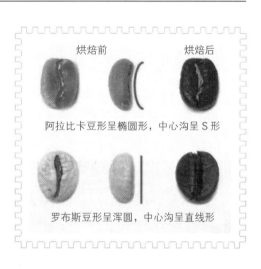

烘焙前　　　　　烘焙后

阿拉比卡豆形呈椭圆形,中心沟呈 S 形

罗布斯豆形呈浑圆,中心沟呈直线形

咖啡豆的烘焙程度决定了咖啡的口感,要成为一个合格的咖啡师,还需要了解咖啡豆的处理过程和烘焙程度。

1. 生豆采摘

分为机械采摘和手工采摘。机械采摘效率高但是咖啡豆质量参差不齐,手工采摘虽然效率低但是采摘的咖

啡果实成熟度相近，便于咖啡的后期制作。另外，咖啡豆不是越成熟越好哟！

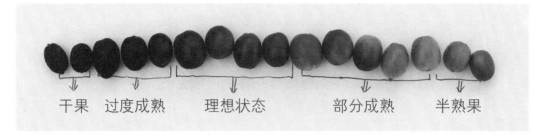

干果　过度成熟　　理想状态　　部分成熟　　半熟果

2. 生豆处理

生豆的处理方法主要分为日晒和水洗。日晒法是利用日照使咖啡果实自然脱水，再将干燥的果实脱壳，去除果肉、果皮和银皮。水洗法通过浸泡的方式筛选咖啡果实，再将筛捡出来的果实通过发酵、挤压等方法去除果皮、果肉和银皮。

日晒法

水洗法

3. 咖啡烘焙

处理好的生咖啡豆要进行烘焙处理。烘焙咖啡豆是一项非常复杂的工艺，咖啡的质量与生豆的年份、体积和含水量都有着密切的关系，就连烘焙当天的湿度、温度都不可忽视。

咖啡烘焙可分为轻度烘焙、中度烘焙和深度烘焙。

轻度烘焙：呈肉桂色，因咖啡豆内部焦糖反应不足，所以有酸涩的味道。

中度烘焙：呈粟子色，酸味减弱，还有些苦味。

深度烘焙：呈深棕色，几乎没有酸味，苦味明显，有坚果巧克力味，口感醇厚。

一名优秀的咖啡师会根据咖啡豆的特征和客人的口味来调整咖啡的风味，将它的特点发挥到极致，令它散发出独特的香味。

你观察过咖啡杯吗？你喜欢什么样的咖啡杯呢？收集身边的咖啡杯，带到课堂上向同学们介绍咖啡杯的结构及其功能。

我观察到咖啡杯的结构有：

_____

_____

这样设计的原因是：

_____

_____

杯身
大部分杯身是圆柱形的，能有效增加抗压性，防止摔碎。

杯柄
方便手持饮用。

咖啡杯托盘
防止烫手，增添优雅气质。

为了避免咖啡杯与咖啡起化学反应，咖啡杯的材质是有讲究的，陶瓷、玻璃、纸等等都是咖啡杯的常用材料，活性金属绝不能作为咖啡杯的材料。

 你是否观察到咖啡杯存在的不合理的设计？你认为该如何改进呢？和同伴一起讨论吧！

纸质咖啡杯会造成资源浪费。

咖啡杯不能降解会污染环境。

咖啡渍会弄脏桌子。

咖啡杯容易倾倒，咖啡会洒出来。

咖啡杯的不足之处：＿＿＿＿＿＿＿＿＿＿＿＿＿＿＿＿＿

我的设计方案：

 妙不可言的咖啡杯创意

可种植的咖啡杯

每年被丢弃的纸质咖啡杯多达千亿个，给环境带来了巨大的压力。为了解决这一难题，有的设计师将种子糅进纸杯里，只要

把用过的咖啡杯埋进土里，开春就能长出植物。

为了解决制作咖啡杯带来的资源浪费问题，设计师用沙子或咖啡渣制成咖啡杯，变废为宝，体现了人与自然和谐相处的理念。

当人们喝咖啡时会有这样的困扰：咖啡顺着咖啡杯流淌下来，弄脏桌子。设计师在咖啡杯上增加一条凹陷的线条，起到引流的作用，轻松解决了这个问题。

有的设计师并不排斥咖啡渍，他们做出有趣的明信片，只等一杯咖啡留下印迹，来完成这幅有趣的画。

咖啡师的本领

一颗咖啡树种子要经历几年的生长

经过严格的加工

才会成为一杯咖啡

一位咖啡师要冲无数杯咖啡

才能保证出手即是上品

当咖啡师系上围裙触碰器具的那一刻

他就会将自己的专业与热情

都浓缩在咖啡中传递给品尝者

1 咖啡树和花的那些事儿

你知道咖啡豆是属于咖啡树的哪个部位呢？要成为咖啡师，我们需要先了解咖啡树。

 咖啡树

你知道怎么对树木进行分类吗？别小瞧了植物分类，这可是一

门复杂的学问。科学家根据树木的生长类型，可将树木分为乔木类、灌木类、草本类、藤本类。

乔木类，树木高大（6米以上），树干明显。

灌木类，主干不明显，树木矮小（6米以下）。

草本类，周期性萎蔫或枯死，有一年生和多年生之分。

藤本类，茎长，不能直立生长，必须依靠他物攀援向上。

咖啡树有几百个品种，世界上大约65%的咖啡是阿拉比卡种。野生阿拉比卡种咖啡树高度可达8-10米，属乔木类。

咖啡花

你见过咖啡花吗？如果答案是肯定的，那么你真是太幸运了，因为它的花期仅有两三天。咖啡花呈白色，有着淡淡的茉莉香味。

17

植物的花根据结构可分为完全花和不完全花。一朵花中，若含有花萼、花瓣、雄蕊、雌蕊即为完全花，缺少一种或几种的即为不完全花。咖啡花就属于完全花。

我们该如何观察和研究一朵花的结构呢？让我们以羊蹄甲花为例。

 观察并解剖羊蹄甲花

◆ 材料准备

羊蹄甲花、镊子、放大镜、白纸

◆ 操作步骤

1. 用镊子小心地将最外侧的萼片取下，排列在白纸上。

2. 用镊子小心地夹住花瓣底部，往下撕，排列在白纸上。

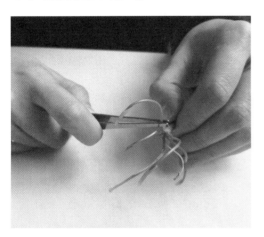

3. 用镊子小心地将雄蕊取下，排列在白纸上。

4. 用镊子小心地将雌蕊取下，排列在白纸上。

5. 用放大镜观察花的每个部位，并填写记录单。
6. 整理实验器材。

咖啡师 桥梁工程师

实验记录单

萼片＿＿＿片	
花瓣＿＿＿片	
雄蕊＿＿＿根	
雌蕊＿＿＿根	
属于 完全花（　　） 不完全花（　　）	

认识羊蹄甲花的雌蕊与雄蕊

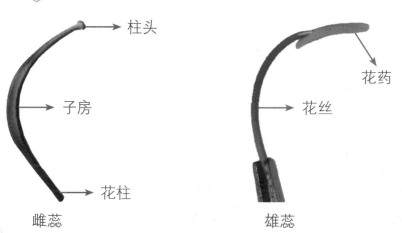

雌蕊　　　　　　　　　　　　雄蕊

有趣的咖啡豆

　　咖啡豆是咖啡树的种子。种子根据结构可分为单子叶植物种子和双子叶植物种子。让我们以解剖大豆为例，对种子进行观察和研究。

 解剖并观察大豆

◆ 材料准备

镊子、解剖针、放大镜、浸泡的种子、实验报告单。

◆ 操作步骤

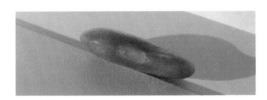

1. 选用泡软的大豆（有利于剥去种皮），观察它的外形。

2. 用解剖针在种脐对称处将种皮轻轻划开（这样不易损伤种子的内部结构）。

3. 用镊子轻轻剥去种皮。

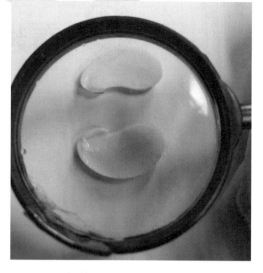

4. 用手掰开种子的两片子叶，观察大豆种子的内部结构（用力一定要轻）。

5. 用放大镜仔细观察大豆的结构，并在实验记录单上填写大豆的结构名称。

6. 整理实验器材。

实验记录单

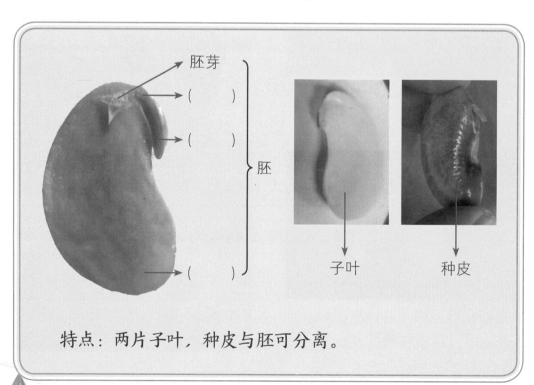

胚芽

（　　　）

（　　　）

胚

（　　　）

子叶

种皮

特点：两片子叶，种皮与胚可分离。

观察并解剖玉米

◆ 材料准备

解剖刀、镊子、放大镜、滴管、碘液、泡过的玉米种子、实验报告单。

◆ 操作步骤

1. 选用泡软的玉米种子，观察它的外形。

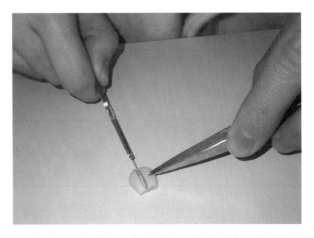

2. 用镊子夹住玉米种子，用解剖刀沿种子较宽面的正中线切开，使其两部分对称。

3. 在纵剖面上滴上稀碘液，用放大镜进行观察，并在实验记录单中填写种子的结构名称。

4. 整理实验器材。

 思考题

仔细观察上图中滴过稀碘液的玉米解剖面和未滴过稀碘液的玉米解剖面，你知道为什么要滴稀碘液吗？

实验记录单

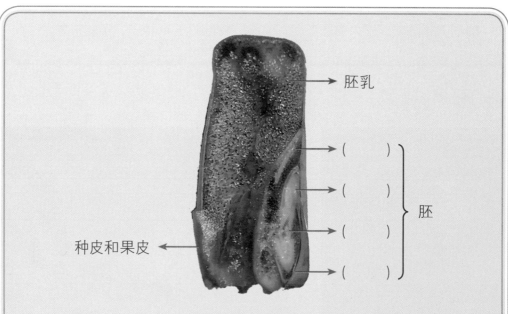

胚乳

种皮和果皮 ←

( ) ⎫
( ) ⎬ 胚
( ) ⎭
( )

特点：种皮和果皮不可分离。被染成蓝色的部分是玉米的胚乳，主要成分是淀粉。不变色的部分是玉米的胚。

单子叶、双子叶植物种子比较

	大豆种子（双子叶植物）	玉米种子（单子叶植物）
不同点	具有两片子叶 没有胚乳 营养物质储存在子叶中	
相同点		

通过咖啡豆的示意图可知咖啡豆是单子叶种子。

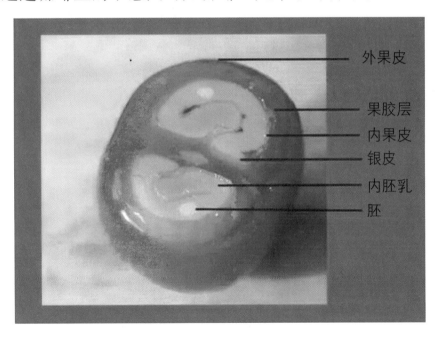

- 外果皮
- 果胶层
- 内果皮
- 银皮
- 内胚乳
- 胚

3 烘焙的魔法

生咖啡豆本身是没有任何香味的，只有在烘焙之后，才能闻到浓郁的咖啡香味。咖啡豆发生了什么变化呢？变化可分为物理变化和化学变化。我们该如何研究这两种变化的特点和区别呢？

让我们通过实验来进行研究。

混合白糖和豆子

◆ 材料准备

白糖、豆子、筛子、杯子。

◆ 操作步骤

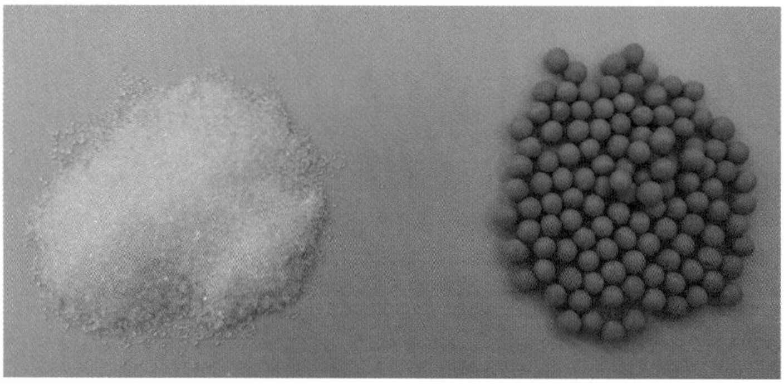

1. 把白糖和豆子倒在纸上，观察并描述它们的特点。

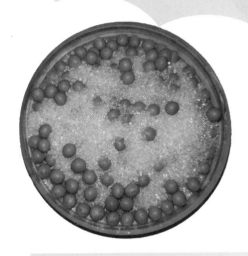

2. 把白糖倒入装有豆子的杯子中进行混合、搅拌。在混合白糖和豆子的过程中，白糖发生变化了吗？豆子发生变化了吗？

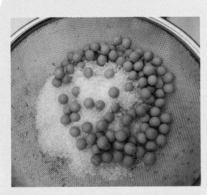 

3. 用筛网分离白糖和豆子的混合物，白糖和豆子发生变化了吗？

实验记录单

白糖的特点	豆子的特点
白色、颗粒状、甜味	
结论	

　　有些变化只改变了物质的状态、形状、大小等，没有产生新的不同于原来的物质，我们把这类变化称为物理变化。例如上面的实验中的白糖、豆子和下图中的两种变化。

塑料瓶变形（形状）　　　　冰融化成水（状态）

 加热白糖

◆ 材料准备

长柄金属汤匙、白糖、蜡烛、隔热手套。

◆ 操作步骤

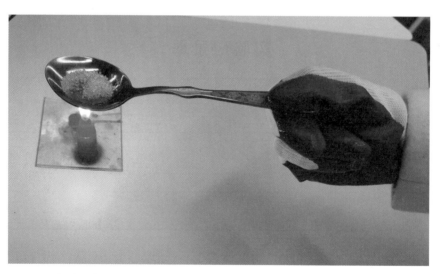

　　用长柄金属汤匙取一小勺白糖，小心地移到蜡烛火焰上，慢慢加热。预测白糖会发生什么变化。当加热结束后，熄灭蜡烛，把汤匙放在盘子里冷却，记录观察到的现象。

实验注意事项:

1.手要握在金属汤匙柄顶端以免烫伤。

2.将金属汤匙放在外焰加热。

3.观察时不要离金属汤匙太近。

4.运用多种感官观察白糖的变化(状态、颜色、气味等),并及时记录。

5.加热结束后,将金属汤匙放在盘子里,不能用手触摸加热部分,记得熄灭蜡烛。

状态变化:颗粒状——( )——( )——固体状

颜色变化:白色——( )——褐色——( )

气味变化:白糖香味——( )

实验记录表

	加热前	加热后
白糖	白色透明 颗粒状固态 有甜香味	

有些变化产生了新的物质，我们把这类变化称为化学变化。例如下图中的两种变化。

铁钉生锈

火柴燃烧

物理变化和化学变化关系表

	物理变化	化学变化
定义	没有生成新物质的变化	生成新物质的变化
特征	没有新物质生成	有新物质生成
伴随现象	物质的形状、状态等发生变化	常伴有发光、放热、变色、放出气体、生成沉淀物等
二者的联系	化学变化过程中一定伴随物理变化，物理变化过程中不一定伴随化学变化	

咖啡师的本领

如何理解化学变化过程中一定伴随着物理变化呢？让我们以下图为例，进行分析。

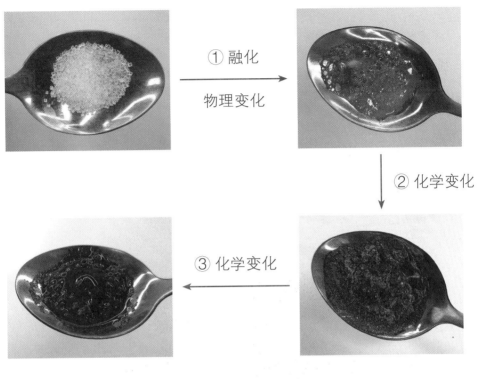

① 融化

物理变化

② 化学变化

③ 化学变化

我会填

你知道咖啡烘焙属于哪种变化吗？说说你的依据。

我认为：_____

_____，所以咖啡烘焙是_____变化。

4 神奇的咖啡萃取

咖啡的制作核心在于萃取的过程，而萃取的方法与使用的工具多种多样。

所谓萃取，说简单点就是利用水将咖啡豆里的味道溶解出来。

 咖啡中能溶于水的物质

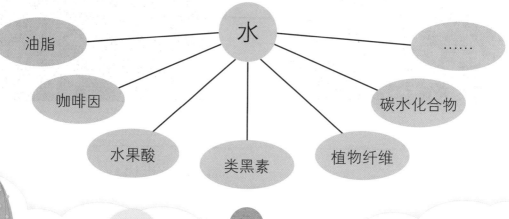

每种物质溶于水的速度不同，所以使用不同的咖啡壶和选择不同的萃取时间对咖啡的口感有着至关重要的影响。每种萃取方式都蕴含了丰富的科学知识，你了解它们吗？

咖啡的萃取大致可分为意式与非意式两种。意式咖啡机可以在短时间内用高温高压的方式，迅速将咖啡豆中的成分萃取出来，成品口感浓郁香醇。

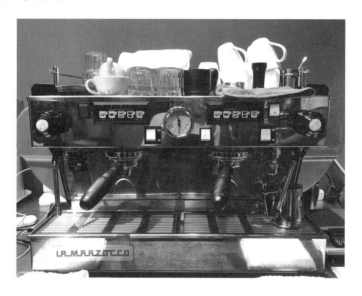

非意式咖啡壶包括：滴漏式咖啡壶、虹吸壶、法压壶、摩卡壶。滴漏式咖啡的制作过程极具乐趣。在滤杯上放上滤纸，倒上咖啡粉，进行冲泡。然而看似简单的冲泡过程，却需要反复的练习，才能保证冲出

的咖啡质量稳定，风味上乘。

虹吸壶的萃取过程极富艺术性，能让人们得到视觉、嗅觉和味觉的三重享受。

法压壶操作方便，拥有不少忠实的粉丝。它是通过浸泡和挤压，让咖啡粉与水充分融合。

摩卡壶吸取了意大利咖啡壶和滴漏咖啡壶的优点，外表简约的摩卡壶可不简单，它可是玩家级别的武器哟！

咖啡滤纸的奥秘

看到滴漏式咖啡壶，你想到了什么？它像不像实验室里的过滤装置？最早的咖啡冲泡方式会产生大量的咖啡粉沉淀，严重影响了咖啡的口感，于是滴漏式咖啡壶应运而生。

制作滴漏式咖啡必要的器具包括：滤杯（漏斗）和玻璃咖啡壶（也称分享壶）；长嘴热水壶；滤纸。

 思考题

为什么滤纸可以解决沉淀问题呢？

⬤ **让我们看一看滤纸的结构，说说过滤能不能有效地去除杂质，会不会影响咖啡的口感。**

 ## 沙子、食盐、面粉、碘酒的溶解及过滤

◆ 材料准备

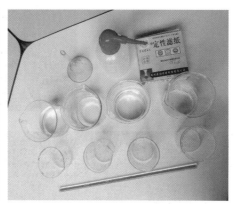

铁架台、漏斗、玻璃棒、烧杯（9个）、过滤纸（4张）、食盐、沙子、面粉、碘酒。

◆ 操作步骤

沙子溶液　面粉溶液　碘酒溶液　食盐溶液

1. 溶解。观察颗粒大小是怎样变化的，在水中的分布是否均匀，是否有沉淀物出现，溶解还是不溶解。轻轻搅拌后再进行观察。

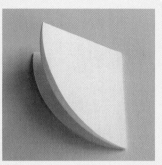

2. 将滤纸对折两次。

3. 沿着一条边打开（从 1 或 3 层打开）成锥形。

4. 将滤纸放入漏斗中，使滤纸的边缘低于漏斗的边缘。

5. 用蒸馏水润湿滤纸。如有气泡，用玻璃棒轻轻挤压空气排除。

6. 组装器材：将放有滤纸的漏斗固定在铁架台上，漏斗下端靠着烧杯壁。

7. 用玻璃棒分别将沙子溶液、食盐溶液、面粉溶液、碘酒溶液引入漏斗中。

实验注意事项：做到一贴、二低、三靠。

一贴：滤纸要紧贴漏斗内壁。

二低：滤纸要低于漏斗边缘；滤液要低于滤纸边缘。

三靠：烧杯尖口紧靠玻璃棒；璃棒靠在滤纸三层处；

漏斗末端较长处靠在盛滤液的烧杯内壁。

8. 每次引入新溶液前，用蒸馏水清洗滤纸两到三次。

面粉溶液   沙子溶液

过滤前   过滤后

过滤前   过滤后

碘酒溶液   食盐溶液

过滤前   过滤后

过滤前   过滤后

9. 观察比较。

10. 收拾整理实验器材。

实验记录表

	溶解现象	过滤现象
面粉溶液	有粉末漂浮，不均匀，水变成白色，静置一段时间有沉淀物。	有杂质滤出，水变清澈。
沙子溶液		
碘酒溶液		
食盐溶液		

◆ 结论

面粉、沙不溶于水，可通过过滤从水中分离出来，食盐、碘液能充分溶解于水，不能通过过滤的方法从水中分离出来。

通过实验我们发现不溶于水的物质可通过过滤的方法将杂质滤出，可溶于水的物质不能通过过滤的方法从水中分离出来。所以，滤纸冲泡法不但能去除杂质，还不会影响咖啡的风味呢！

说一说：你能将下面冲泡咖啡的器具和过程，与前面的实验器材和过程一一对应吗？你还知道哪些咖啡冲泡法，它们利用了什么过滤的原理？

6 法压壶不简单

 想一想：如何加快咖啡粉中物质的溶解？你能想到哪些好办法？

下面，我们就以冰糖及白砂糖为例，动手试试吧。

搅拌对糖溶解速度的影响

◆ 材料准备

玻璃棒、同型号烧杯（2 个）、冰糖、白砂糖、水、天平。

◆ 操作步骤

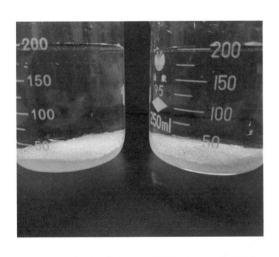

1. 取两个大小相同的烧杯，分别加入温度相同、等量的水。在托盘上各放一张大小相同的滤纸，称取等量的白砂糖，同时分别放入两个烧杯中。

2. 其中一个烧杯用玻璃棒搅拌，另一杯静置。

3.一分钟后观察烧杯中的糖含量。

◆ 现象

搅拌的那杯糖剩余量少，静置的那杯糖剩余量多。

◆ 结论

搅拌可以加快白砂糖的溶解速度。

 颗粒大小对糖在水中溶解速度的影响

◆ 操作步骤

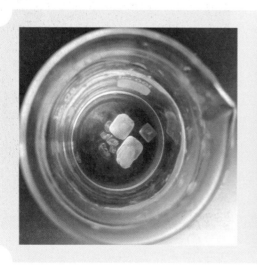

1.取两个大小相同的烧杯，分别加入温度相同、等量的水。在托盘上
各放一张大小相同的滤纸，称取等量的块状冰糖和研碎的冰糖。

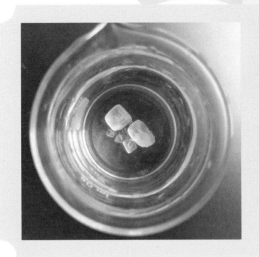

2. 静置一分钟后观察烧杯中的冰糖含量。

◆ 现象

整块的冰糖和研碎的冰糖都有溶解现象，研碎的冰糖溶解速度更快。

◆ 结论

研碎冰糖可以加快它的溶解速度。

 温度对糖溶解速度的影响

◆ 操作步骤

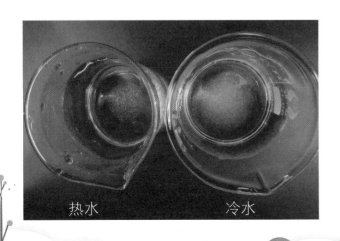

热水　　　　冷水

1. 取两个大小相同的烧杯，分别装等量的冷水和热水。在托盘上各放一张大小相同的滤纸，称取等量的白砂糖，同时分别加入两个烧杯中。一分钟后观察烧杯中的糖含量。

◆ 现象

在热水中的糖溶解得快。

◆ 结论

用热水可以加快糖的溶解速度。

通过以上实验我们知道，要加快咖啡粉中物质的溶解，可以通过研磨咖啡豆、搅拌咖啡粉、提高水的温度来实现，于是法压壶应运而生。

虹吸也疯狂

你知道虹吸现象吗？按图片中的装置，看看会产生什么现象。注意 U 型管里得充满液体哟！

我观察到：

我猜测：

液体是有压强的，液体深度的增加，密度随之增大，液体压强也越大。虹吸现象的实质是因为液体会从压强大的一边流向压强小的一边，所以，液体自然从高的烧杯流向低的烧杯，加上液体分子间的引力作用，使得液体的液面相平为止。

◯ 你知道虹吸现象在生活中的应用吗？请查找资料并向同学介绍。

虹吸现象在生活中的应用：

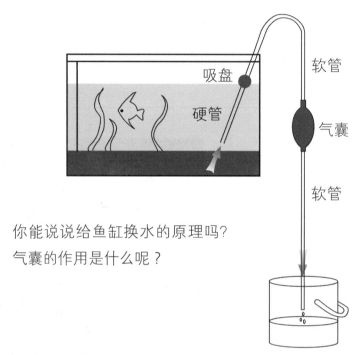

吸盘

硬管

软管

气囊

软管

你能说说给鱼缸换水的原理吗？
气囊的作用是什么呢？

其实在中国古代有很多利用虹吸现象的原理进行的发明。请你找一找资料。

◯ 你知道公道杯吗？

在古代，人们根据虹吸现象设计了"公道杯"，盛酒时不可过满，否则杯中的酒便会全部漏掉，一滴不剩。公道杯的秘密在哪里呢？

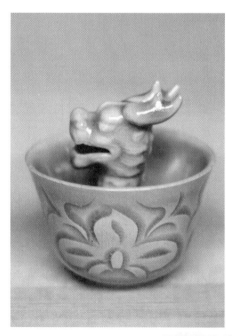

在公道杯里立一个龙头，肉眼看不出有什么玄机，奥秘就隐藏在龙头里，其体内有一根空心瓷管，管下有通杯底的小孔。往杯内倒酒，只要酒没有超过瓷管最高点，酒就不会漏出。如果酒超过了最高点，由于虹吸现象，酒就会从小孔漏出，直到一滴不剩。

 虹吸咖啡壶

你仔细观察过虹吸咖啡壶吗？你能用所学的知识解释虹吸咖啡壶的原理吗？

　　将虹吸壶下壶中的水加热至沸腾后，插入上壶，此时下壶气压增大，下壶和上壶的压力差使得下壶的热水上行，与上壶咖啡粉混合，萃取结束后撤掉火源。温度降低，上下壶压力差霎时减小，从而使萃取后的咖啡回流至下壶。

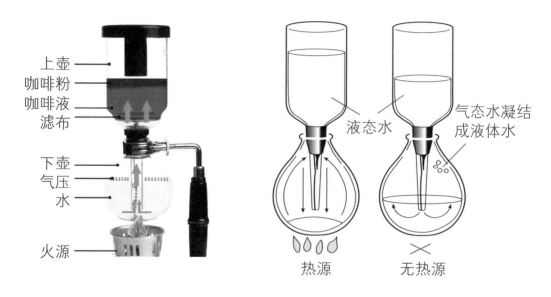

上壶
咖啡粉
咖啡液
滤布
下壶
气压
水
火源

液态水
气态水凝结成液体水
热源　　无热源

碰不倒的咖啡杯

你遇到过这样的情况吗?

杯子不小心被碰倒了,水洒出来弄脏了课桌,或是滚烫的水从被碰倒的杯子里溅出来,烫伤了皮肤。有没有一种办法可以避免这种情况呢?让我们发明一款"碰不倒的杯子"吧!

你见过不倒翁吗?如何运用它的原理,对传统咖啡杯进行改良呢?

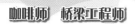

 你见过儿童吸盘碗吗？研究它的结构，思考是否可以借鉴它的工作原理。

吸盘咖啡杯

这款吸盘咖啡杯，底部的吸盘能牢牢吸附在光滑的平面上，在很大程度上抵抗横向的外部作用力。

你还能从哪儿获得灵感？

利用这一灵感，完成你的设计方案。

创意咖啡壶DIY

咖啡豆变身为细腻的粉末

在咖啡师的帮助下

幻化出迷人的芳香

在舌尖绽放

咖啡壶是这场盛宴中

最得力的帮手

它本身亦是一件艺术品

1 设计个性虹吸壶

 如果让你利用身边的物品或者实验室的仪器设计一个虹吸壶，你会怎么做呢？

设计的第一步是观察已有的虹吸壶的形态和结构，可以通过图画或者文字的方式记录自己的观察结果，了解其工作原理。

虹吸壶整体

虹吸壶上壶

虹吸壶下壶

虹吸壶过滤装置

酒精灯

咖啡豆搅拌棒

如果对虹吸壶的内部结构还不够了解的话，我们可以对虹吸壶进行拆解，这对后续设计而言很重要。

思考如何用身边的物品代替已有的部件。已有的发明有什么不足之处？怎样进行改进呢？

让我们在之前学习的基础上，设计一个虹吸壶吧。

虹吸壶结构	替代物	备注
玻璃上壶		
玻璃下壶		
酒精灯		
支架		
过滤器		

请画出你的设计图

制作虹吸壶

 选用材料

常规版：长颈漏斗、试管、酒精灯、铁架台、滤纸、咖啡粉、水。

简易版：塑料瓶、美工刀、吸管、热熔胶、剪刀、水、打孔器。

 常规版制作过程

1. 将滤纸沾湿，贴在长颈漏斗底部，用铁环压住。

2. 装适量咖啡粉。

3. 在试管内加入适量的水，试管预热。试管预热的目的是让试管外壁干燥和均匀受热，以免试管炸裂。

预热方法：试管倾斜并与桌面成 45° 左右，并不时地移动试管。

4. 按图示组装好，加热至有气泡。

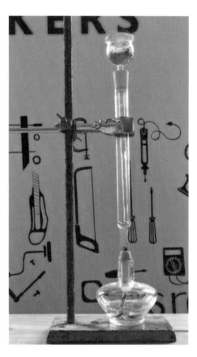

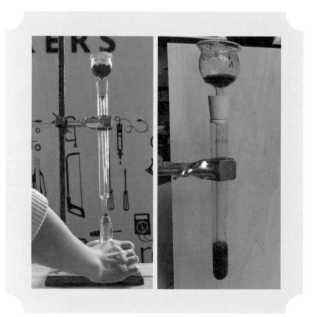

5. 组装分液漏斗，塞紧试管塞。

6. 当液体倒流进分液漏斗，与咖啡充分融合并萃取，此时撤离火焰。萃取好的咖啡液流回试管。

简易版制作过程

1. 一个塑料瓶，从中间切断，在瓶盖上打个孔。

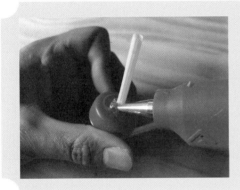

2. 把吸管插进瓶盖，用热熔胶固定吸管，剪掉多余的吸管。

3. 往塑料瓶里面倒水，当水没有没过吸管顶部，水不漏下。当水刚刚没过吸管之后，水突然流到塑料瓶下半部分，直到上方瓶盖内的吸管最下端为止。

 虹吸壶交流会

你在制作虹吸壶时有什么奇思妙想吗？将你的作品展示出来，并向大家进行介绍。

活动：比一比，评一评。

评 价 标 准

	功能 （20分）	美观 （20分）	效率 （20分）	小组合作 （20分）	材料环保性 （20分）
第一组					
第二组					
第三组					
第四组					
……					

 再设计

我的设计存在如下问题：

改进方案：

引　言

"一道长虹落江面，人来车往很方便。不怕风吹和雨打，交通运输做贡献。"

猜猜上面这几句话说的是什么？

对！桥！

在人类最基本的生活需求——衣食住行中，桥梁是为人类的"行"服务的。我们经常穿梭于城市中的立交桥，流连于景区内的小桥，行走在高楼间的天桥。尽管这些桥不尽相同，但它们都能将两个地方连接起来，让我们很方便地到达目的地。

你知道哪些世界名桥？一般的桥都有哪些结构？为什么桥看起来总是那么坚固？你想设计并制作属于自己的第一座桥吗？

还等什么？让我们现在就出发，一起来当桥梁工程师吧！

走近桥梁工程师

有这样一群人，在他们踏实的外表之下，胸怀远大目标，肩负千斤重担，不畏严寒酷暑，不惧狂风暴雨，总是用他们那双强有力的大手，牢牢地抓住悬崖峭壁、海湾河岸，只为那些经过的生命更加美好。

这群最可爱的人，就是桥梁工程师。

我眼中的桥梁工程师

我眼中的桥梁工程师形象

说到桥梁工程师，你印象中的他们是什么样子的呢？桥梁工程师既像实事求是的记者，也像吃苦耐劳的工人；既像聪明绝顶的物理学家，也像才华横溢的设计师。桥梁的独特性，让桥梁工程师成为横跨多领域的多面手。

让我们一起来看看那些著名的桥梁工程师的传奇故事，从他们身上汲取把理想变为现实的强大力量吧！

李春，隋代桥梁工匠。赵州桥是他最伟大的杰作，堪称世界桥梁史上的奇迹之一。敞肩圆弧形的拱赵州桥存世1400多年，西方在14世纪才出现同类型拱桥，比中国晚了600多年。

茅以升，主持修建了中国人自己设计并建造的第一座现代化大型桥梁——钱塘江大桥，成为中国铁路桥梁史上的一块里程碑。新中国成立后，他又参与设计了武汉长江大桥，一生都在造桥与写桥中度过。

林同炎，预应力工程理论的研究者及最早实施者，被誉为"预应力先生"。现在全球 70% 以上的现代建筑都采用了预应力技术，预应力混凝土更是今天中国最广泛使用的桥梁建造工艺。

邓文中，先后主持和参与了百余座大型桥梁的建造工作，其中有 6 座完工时跨度创世界纪录，如德国的格尼桥和纽安坎桥、美国西西雅图开合桥和旧金山奥克兰海湾大桥，被称为"邓氏桥梁永不日落"。研究发明"拉索挂篮法"，提倡"板式"桥梁。他是首位设计全部用焊接法施工的桥梁工程师。

　　中国四位桥梁工程师共同促成一项世界级工程——港珠澳大桥的落成与启用！这座世界上最长的跨海大桥，将香港、珠海、澳门连在一起，也是世界上首个集桥梁、隧道和人工岛于一体的超级工程！

总设计师孟凡超　　总工程师林鸣　　副总工程师　　中国工程院院士
　　　　　　　　　　　　　　　　　　尹海卿　　　　　李焯芬

　　看完这些超级桥梁工程师的事迹，你有什么感受呢？把想法及时记录下来。

●让你印象最深刻的桥梁工程师是_____，为什么？

●你觉得这些工程师的成功可能与什么有关？

●你认为一位合格的桥梁工程师应该具备什么素质？

●如果要成为一名桥梁工程师，应该怎么做？

桥梁工程的那些事儿

 桥梁的诞生

先来猜猜下面是什么字呢?

这是古代的篆体字"桥"。从这个字里,我们就能大致看出桥梁的发展史。

遇到天然障碍,比如河流、峡谷。我们就得想办法跨越。

如果我们抛一列石头(从上面踩过去),称为"矼"(gāng)。

如果架上一根木头,称为"杠"(gàng)。

如果并排架几根木料(可以让车马通过),则称为"梁"。

梁上可以过人、马、车、轿,还可以在上面造个凉亭。人在亭子里停下来休息,观赏风景和船只,这样的建筑就称为"桥"。

现在，再来看"桥"字。里面有桥头的树木（米）、桥上的凉亭（仑）和桥下的船只（廿），是不是很有趣呢？

桥梁的结构

从远古时代开始，智慧的人类就在地球上建造各种各样的桥。下面的这些桥，你能说出它们的名字吗？

答案：独木桥、人行天桥、立交桥

再来看看下面这些桥，你还能说出它们的名字吗？

　　哈哈，遇到难题了吗？它们分别是：赵州桥、南京长江大桥和港珠澳大桥。它们都是中国桥梁史上具有特殊意义的桥梁。

　　上面这六座桥有哪些相同的组成部分？不妨先试试用简笔把它们画下来。

　　尽管桥有多种多样的外观，但通过简笔画可以发现，在结构上它们其实是很相似的。

桥梁 = 上部结构 + 下部结构 + 附属结构

附属结构
如灯柱、栏杆、人行道等。

上部结构
如桥面、横梁、支座等。

下部结构
如桥墩、桥台、基础等。

南京长江大桥

现在你能准确认出一般桥梁的三大结构吗？赶紧拿起笔，在下面的三座桥身上检验学习成果吧！

广东广济桥

波黑莫斯塔尔老桥

美国布鲁克林大桥

简单的桥梁物理学

载荷 可以让大型建筑物移动或改变位置的力。可以是拉力，或是推力。如果桥梁无法承受这些力，就会分崩离析。

重力 一种能使所有物体朝向地心的物理力。所有桥梁为了保持直立不倒塌，必须克服桥梁的自然重力。

张力 一种向外拉伸物体的拉力。张力会使物体伸展开来，物体通常会越来越长。当张力超过物体的抗拉伸能力时，物体就会发生断裂。

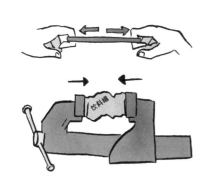

压力 一种向内挤压物体的推力。当压力超过物体的抗压能力时，物体就会被压弯，甚至破碎。

跨越桥梁的车辆或行人、支撑桥梁自身路面的重量同时对桥梁施加了张力和压力。

扭力 使物体发生滚动或转动的一种扭曲力。强风会使桥梁受到巨大的扭力作用而倒塌。

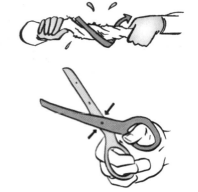

剪力 作用于同一物体上的两个距离很近、大小相等、方向相反的一种滑动力。地震会使桥梁的下部结构发生晃动从而造成相对滑动，甚至倒塌。

咖啡师 桥梁工程师

桥梁的类型

每遇到一座桥，我们可以先把它的简图画出来。然后按照桥的结构依次进行观察，就会发现原来再复杂的桥也会变得很简单。

70

从结构上，通常把桥梁分成四类。

梁　桥

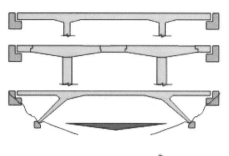

梁桥的上部结构就像一个粗粗的"一"字（这部分称为"梁"）。两端的支座为梁桥提供很大的垂直支撑力，无水平支撑力。

因此，建造梁桥通常需要使用抗弯能力很强的材料。

拱　桥

拱桥是世界上最古老、而且长时间以来唯一让石桥实现大跨度的桥梁类型。它的每一部分相互支撑，只需承受压力，不需承受拉力。这样的结构决定了它的坚固性。

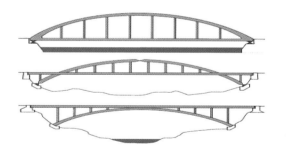

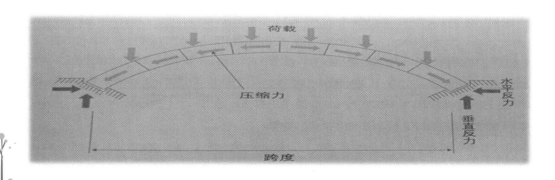

悬 索 桥

和梁桥、拱桥一样，悬索桥也是一种古老的桥梁形式。在所有桥梁中，悬索桥的跨度最长，造价也是最高的。它的两端设有锚碇，承受着强大的拉伸力，用于固定悬索桥。整个桥面被悬吊在吊索上。

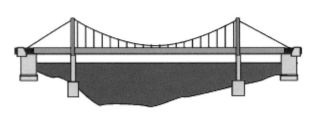

桥塔忍耐着巨大的压力，主索则支撑着高强度的荷载。除了对桥塔、拉索有较高要求外，悬索桥更注重抗风设计。

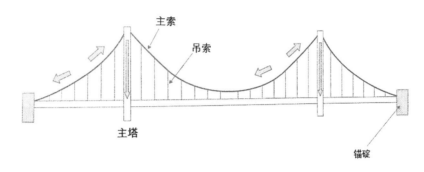

斜 拉 桥

斜拉桥有的像一把展开的纸伞，有的像一把竖琴，还有的像一把优雅的扇子。那么，美丽的斜拉桥怎样保持桥梁的稳定呢？原来它通过主塔、斜拉索、加劲梁三者，构成了稳定的三角形。因此，斜拉桥对主塔的承受力、斜拉索的伸缩性有较高的要求。

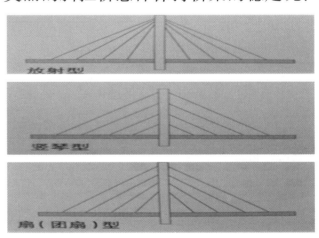

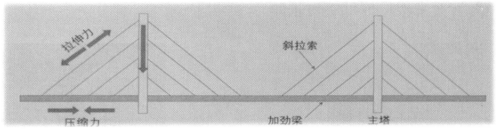

除了上面的四种类型外，许多桥梁是以上结构的组合。

上海杨浦大桥
（梁＋斜拉）

台湾关渡桥（拱＋梁）

美国布鲁克林大桥
（梁＋悬索）

下面的桥分别属于什么类型呢？连一连，完成挑战吧！

梁桥

悬索桥

拱桥

斜拉桥

答案见下一页，不准偷看哟！

答案来喽！你都答对了吗？

钱塘江大桥

梁桥

悬索桥

英国伦敦塔桥

拱桥

斜拉桥

伊朗 33 孔桥

西班牙阿拉米略桥

桥梁工程师本领多

一名合格的桥梁工程师具备很多本领，为此，我们特地安排了八大技艺训练场，相信聪明而好学的你一定能收获多多，满载而归！未来的准桥梁工程师，快来挑战吧！

 # 调查地理文化

  当接到建造一座桥梁这样的指令时，要做的第一件事情会是什么呢？是马上设计还是稍做准备？正所谓"磨刀不误砍柴工"，对于桥梁工程来说也是如此，他们先要调查资料。

  经过无数桥梁工程师的亲历实践，我们把需要调查的内容总结如下。

（1）桥梁的主要用途

  ○ 主要供铁轨车辆通过 ○ 主要供一般车辆通过

  ○ 主要供行人通过 ○ 供车辆与行人同时通过

（2）附近的地形条件

  ① 桥的一端 ② 桥的另一端 ③ 桥的正下方

（3）附近的地质条件

  ① 调查地质构造 ② 研究力学性能

（4）附近的水文条件

  ① 调查河道的性质 ② 测量河床的变迁情况

  ③ 收集和分析历年洪水资料 ④ 可通航的水位和海拔

（5）附近的气象条件

  ① 气温 ② 风速 ③ 台风 ④ 雨量

（6）当地的资源条件

　　① 沙、石的来源　　　　　② 水泥、钢材的供应

　　③ 水陆运输的情况

（7）施工单位的能力

　　① 施工技术水平　　　　　② 施工机械装备

　　③ 现场能源供应

怎么调查呢？阅读图书资料、查找网络信息，以及现场实地勘察都能为我们积累信息与资料。

当然，任何的调查结果都必须经过反复的实地验证。尤其面对地质、水文、气象，更离不开丰富多样的现代工程测量方法。

遥感 RS（Remote Sensing） 根据电磁波的理论，应用各种传感仪器对远距离目标所辐射和反射的电磁波信息，进行收集、处理，最后成像，从而对地面各种景物进行探测和识别的一种综合技术。

北斗卫星导航系统（BeiDou Navigation Satellite） 是中国自行研制的全球卫星导航系统。它可以在全球范围内全天候为各类用户提供高精度的定位、测速等服务。

地理信息系统 GIS（Geographic Information System） 一种特定的十分重要的空间信息系统。它是在计算机硬、软件系统支持下，对整个或部分地球表层（包括大气层）空间中的有关地理分布数据进行采集、储存、管理、运算、分析、显示和描述的技术系统。

除了技术系统的支持，还有一些自动化的地面测量工具，也使工程测量的难度大大降低，准度大大提高。

全站仪 即全站型电子测距仪，因其安置一次仪器就可完成该测站上全部的测量工作，所以称为全站仪。是集距离（斜距、平距）、水平角、垂直角、高差测量功能于一体的高技术测量仪器。

水准仪 建立水平视线以测定地面两点间高差的仪器。数字水准仪是目前最先进的水准仪，配合专门的条码水准尺，通过仪器内置的数字成像系统，自动获取水准尺的条码读数，不再需要人工读数。这种仪器可大大降低测绘作业的劳动强度，避免人为的主观读数误差，提高测量精度和效率。

建设一座桥梁，需要进行各种测量工作，其中包括：设计勘测、施工测量、竣工测量等。在施工过程以及竣工通车后，还要进行变形观测。根据不同的桥梁类型和施工方法，测量的内容和方法也有所不同。桥梁的测量工作概括起来主要有：桥轴线长度测量；施工控制测量；墩、台中心的定位；墩、台细部放样及梁部放样等。

西湾大桥是连接澳门半岛和氹仔岛的第三座大桥，于2002年10月8日动工兴建，主桥于2004年6月28日合龙。它采用"竖琴斜拉式"设计，是全球首座大跨度的双层预应力混凝土斜拉桥，也是三条澳氹大桥中最短及最宽的大桥。该桥总长1825米，分上下两层：上层为双向6车道，下层箱式结构，双向4车道行车，可以在8级台风时保证正常交通，桥内还预留了铺设轻型铁轨的空间。西湾大桥的最大设计特色在于两个85米高的双拱门设计桥塔，代表澳门的英文葡文首个字母"M"、罗马数字"Ⅲ"以及阿拉伯数字"3"，这正比喻此桥是澳门的第三条澳氹大桥。桥墩外观呈弧形，寓意两片莲花花瓣。

澳门西湾大桥

借助上面的资料卡或其他途径，整理一份关于西湾大桥地理和文化的信息单。

澳门西湾大桥的地理文化信息单

	主要信息
桥梁的主要用途	
附近的地形条件	
附近的地质条件	
附近的水文条件	
附近的气象条件	
当地的资源条件	
施工单位的能力	

确定最优设计

根据桥梁工程的常见流程，我们应该在所有设计方案中做出最优选择。在这个环节，桥梁工程师们通常会提出 2~4 种方案供投资方选择。比如，某位桥梁工程师根据地形、施工条件等，提出了以下 3 种初步设计方案。

比较项目	下承式架杆拱桥	预应力混凝土连续箱型梁桥	预应力混凝土T型钢构桥
安全性	满足行车安全和通航要求。	满足行车安全和通航要求；施工技术先进，施工安全性高。	满足行车安全和通航要求，桥下净空间大，桥下视野开阔，施工技术较先进，施工安全性较高。
功能性	属于超静定结构。桥的承载能力大，但是养护较麻烦。有伸缩缝，行车条件较差，养护很复杂。	属于超静定结构，受力较好，主桥桥面连续。无伸缩缝，行车条件好，养护也容易；整体性好，结构刚度大，变形小，抗震性能好。	属于静定结构，受力不如超静定结构好；桥面平整度易受悬臂挠度影响。行车条件较差，主桥每孔有两道伸缩缝，容易损坏。
经济性	高桥施工难度较大，需专门的施工机械与器具，需大型设备；施工过程所需技术支持较多，耗资比较多。	需要的机具少，无需大型设备。可充分降低施工成本，所用材料普通，价格低。但是支座相对较多，成桥后的支座维护费用比较多。	工艺要求较严格，主桥上部构造除用挂篮施工外，挂梁需另搞一套安装设备。混凝土用量少，但钢筋的用量较大，基础的造价也较高。
美观性	桥的弧形美丽动人，给周围增添不少景色。	没有拱桥那样动人，但是放眼望去，显得敦厚朴实。	外观与连续梁桥差不多。

从安全性来说，三个方案均能满足行车安全和通航要求，但是预应力混凝土连续梁桥的施工技术更加成熟，施工安全性高。从功能性来讲，连续梁桥的行车条件好，更加平顺，且承载能力好。从经济性来讲，连续梁桥使用的设备少，钢材使用量较少，不像拱桥跟钢构桥那样多，造价较低。从美观性来讲，显然拱桥更加漂亮。因为在方案比选的四个主要标准中，安全与经济放在首要位置，所以尽管拱桥更加漂亮，我们还是选择外观不是那么耀眼但是安全性与经济性更好的预应力混凝土连续箱型梁桥。

做好方案比选、技术设计之后，桥梁工程师便可以开始设计施工图了。

桥梁工程师通常使用技术软件来设计桥梁，比如结构分析系统（Dr.Bridge）、有限元分析软件（Midas、ANSYS）、画图软件（Autodesk CAD）等。这些软件大大加快了现代桥梁的设计速度。

当我们掌握一定的信息技术知识，就能轻松驾驭这些看似复杂的软件啦。目前，我们可以尝试着从不同角度徒手绘画，形成较为完整的桥梁设计图。

你是不是已经跃跃欲试了呢？那就赶紧利用下面这些实拍图，一起来完成港珠澳大桥的设计手稿吧！

桥梁工程师本领多

九洲航道桥（风帆）

江海直达航道桥（海豚）

青州航道桥（中国结）

83

 打牢坚固基础

施工开始了！桥梁建设应该从哪一部分开始施工呢？合理科学的下部结构决定了桥梁的基础是否坚固，工程师利用具体的形状让桥梁的下部结构更加坚固。

我们先来回顾见过的形状，把它们的名称写出来。

（　　　）形　　（　　　　）形　　（　　　）形　　（　　　）形

上面这些规则图形肯定都难不倒你，那么下面这些形状你还能说得出来吗？

以上这些形状，可以把它们称为"不规则形"。生活中的不规则形都可以分割成规则图形。不同的形状在桥梁的建造和使用中分别起什么作用呢？以桥梁的桥墩为例，先通过一个小实验得到答案。

什么形状最坚固

◆ 探究内容

不同形状的桥墩和桥梁承受力的关系。

◆ 材料准备

完全相同的硬卡纸 4 张、透明胶 1 卷、剪刀 1 把、完全相同的课本若干。

◆ 操作步骤

1. 把一张卡纸沿水平方向对折，再垂直分为 3 等分。

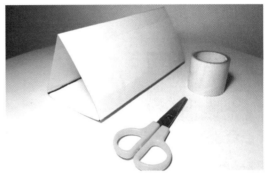

2. 用透明胶将卡纸的边缘开口粘起来，形成一个闭合的三角形双层纸筒。

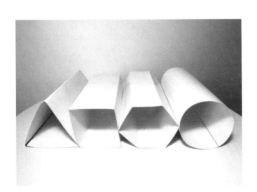

3. 重复以上步骤，得到闭合的正方形、六边形以及圆形双层纸筒。

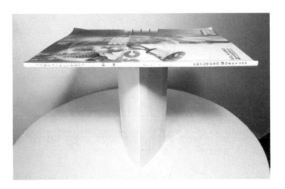

4. 将某一纸筒竖放，把课本一本本地叠加上去。一次只加一本，并能保持 5 秒以上方有效。观察它们分别能支撑多少课本，并记录结果。

◆ 实验记录

不同形状（柱）	能支撑的最多课本数	支撑最多课本数的最长时间	最后的完好程度
三角形（柱）			
四边形（柱）			
六边形（柱）			
圆形（柱）			

通过研究，我发现＿＿＿＿＿＿＿＿＿＿＿＿＿＿＿＿＿＿＿＿＿＿＿＿＿＿

＿＿＿＿＿＿＿＿＿＿＿＿＿＿＿＿＿＿＿＿＿＿＿＿＿＿＿＿＿＿＿＿＿＿＿

经过长期的研究，桥梁工程师发现在多种形状中，圆柱形的桥墩承重力最大。这是因为圆柱没有角，有无数条边，能把任何加在上面的压力均匀分散开，自然就能承受比较大的力。

搭建神奇支架

不同的形状组成不同的支架，桥梁的稳固性也不一样。你能认出下面这些桥梁支架中所包含的形状吗？试着连连线吧！

美国金门大桥

法国米约大桥

圆形　　　　　　　三角形　　　　　　　方形

加拿大魁北克大桥

澳大利亚悉尼海港大桥

在桥梁支架中最常出现的形状竟然是——三角形！为什么桥梁工程师如此喜爱三角形呢？还是用实验来一探究竟吧！

为什么三角支架最稳定

◆ 探究内容

探究不同形状的支架与桥梁稳固性的关系。

◆ 材料准备

硬卡纸1张、雪糕棒若干、"502"黏合剂2瓶、直尺1把、水笔1支、小刀1把、50克砝码若干。

◆ 操作步骤

1. 将硬卡纸垫在桌面，以保护桌面。利用"502"黏合剂将4根雪糕棒粘成正方形。连续制作2次。

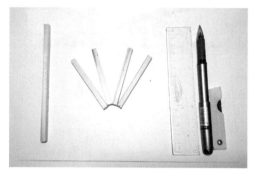

2. 将长木棍统一截取成4根长7.5 cm的短木棍，并将截取面切割平整。

①

3. 按照上图，利用"502"黏合剂，将两个方形与4根小木棍粘在一起，做成①号梁式桥。

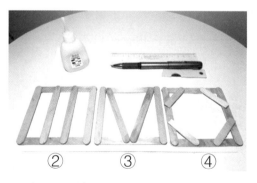

② ③ ④

4. 参照之前的步骤，按照上图，分别制作出②、③、④号梁式桥。

5. 按照左图，将硬卡纸对折放在①号梁式桥正上方。接着往硬卡纸中央（只限桥梁正上方）缓慢连续放置砝码，待桥梁出现明显变形时停止，并记录有效数据。

◆ 实验记录

不同梁式桥（简笔画）	能支撑最多的砝码数（个）
①号梁式桥	
②号梁式桥	
③号梁式桥	
④号梁式桥	

通过研究，我发现____号梁式桥能支撑的砝码个数最多，可能是因为_____。

三角形是所有形状中最牢固、最稳定、用料最少、支撑力也最强的形状，桥梁的承重性随三角形结构数目的增多而提高。

桥梁工程师还会在桁（héng）架结构上增加斜支柱，这样也会构成新的三角形框架，桥梁的稳固性自然也会增强。你可以尝试用其他材料和工具来搭建属于自己的神奇支架！

桁　架

杆件通过焊接、铆接或螺栓连接而成的支撑横梁结构。一般具有三角形单元的平面或空间结构。优点是杆件主要承受拉力或压力，可充分利用材料强度，节约材料，减轻结构重量。

挑选合适材料

建造桥梁通常需要各种各样的建筑材料。跟随科学技术发展的脚步，一起来认识些常见的建筑材料吧！

木材

石材

钢材

钢筋混凝土

现代桥梁大多由一种兼具石头和钢特性的复合材料建造而成，即"钢筋混凝土"。混凝土承受压力，由铁或钢制成的钢筋则承受拉力。

建造这样的桥梁，首先必须建造一个坚固的木制框架，价格昂贵。接着使用木制框架来建构钢筋结构，等它变硬后再拆除。

人们想出更好的办法，能完全不使用木架而建造混凝土桥，即通过纵向给这个混凝土桥主梁施加巨大的压力——把一些管子加入钢丝框架中，等混凝土变硬后，再通过机械把它们拉紧并固定钢丝末端。随后，用水泥灰浆填充这些管子，使各部分牢固结合，可防止钢铁生锈。这就诞生了"预应力混凝土桥"。

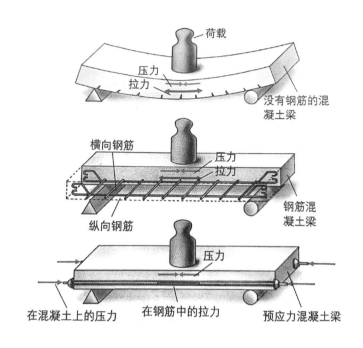

当桥梁负载时，就会产生压力。为了能承受这种压力，不让桥倒下，桥梁工程师必须选择合适的建筑材料以保证桥梁的建筑强度。材料怎样影响强度呢？让我们来做个模拟实验吧！

不同材料的强度

◆ 探究内容

不同的建筑材料与桥梁强度之间的关系。

◆ 材料准备

空卷纸筒 3 个、透明胶 1 卷、剪刀 1 把、小挖勺 3 把、记号笔 1 支、比脚掌大的盆 1 个、食盐若干、碎石若干。

◆ 操作步骤

1. 准备4个一模一样的空纸筒。用记号笔分别标记上1、2、3、4。接着，尽量用统一手法分别密封住纸筒的一端。

2. 借助小挖勺，往2、3、4号纸筒里分别添加纯沙子、纯碎石以及沙子和碎石的混合体。一边慢慢添加，一边轻轻摇晃，直到装满并确保里面没有空隙。

3. 用透明胶带密封所有纸筒的另一端。

4. 把1号纸筒放入盆里并调整位置，让它看起来就像桥梁上的一根大梁。预测一个人站在纸筒上会发生什么，记录在实验单上。

5. 把盆靠墙放好。找一个正常体重的人，手扶墙，慢慢地先用一只穿好鞋子的脚站在纸筒上，再将身体的重量一点点倾斜到纸筒上。观察记录纸筒直到出现明显变形。对2、3、4号纸筒重复以上操作。

◆ 实验记录

	我的预测	实际情况	我的结论
空的 l 号纸筒			
装满沙子的 2 号纸筒			
装满沙子的 3 号纸筒			
装满沙子和碎石 混合物的 4 号纸筒			

通过研究，我发现_____号纸筒里面的材料强度最大，因为

_____。

经过长期的实践研究，桥梁工程师发现：硬度较高和密度较大的建筑材料，就能承受比较大的力，桥梁的稳固性自然提高。

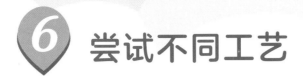

6 尝试不同工艺

桥梁的工艺，实际就是施工问题。不同类型的桥梁使用的施工方法肯定是不一样的。鉴于如今世界上至少 70% 的桥都是预应力混凝土桥，我们很有必要了解在世界范围内广泛应用的两种桥梁施工方法。

 顶推施工方法

在这种方法中，构成桥梁的若干片段（大约 20~30 米）会在地面的工厂中先制造好。接着，人们在支架上小心翼翼地把桥梁片段沿着桥梁向前推，并在指定位置安装好。这时钢结构的"导梁"会支撑整个部件。通过这样的施工方法，桥梁就会不断变长。

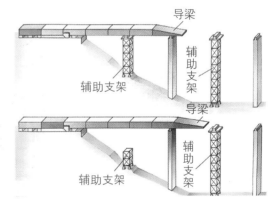

 带突出支架的悬臂

在这种方法中，桥梁的每一部分不是在地面上制造，而是在桥梁尖端的钢制突出支架上生产好，完工后立即固定。

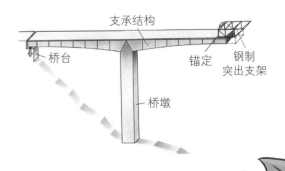

以上是桥梁上部结构的施工方法，而桥梁的下部结构（也称"桥梁基础"）决定了桥梁能不能站得住、站得久，因此研究桥梁基础的施工方法也是非常重要的。

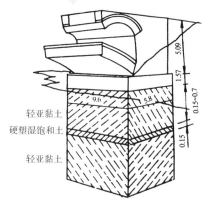

中国赵州桥石拱基础

桥梁基础的种类很多。基本上可以分成两大类型。第一类型是扩大基础，即直接将桥放在基底土壤或岩石上，比如赵州桥。

第二类型是桩基础，即在基底土壤或岩石上直接打桩，常见以下几种。

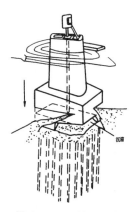

①气压沉箱基础

②管柱基础

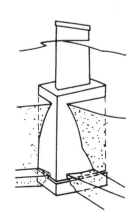

③浮运沉井基础

④锁口基础

⑤钟形基础

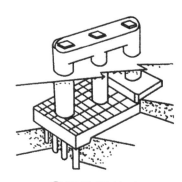

⑥钢格形基础

实例分析

这是港珠澳大桥桥梁基础施工步骤图。你能看出是属于哪种

桩基础吗?

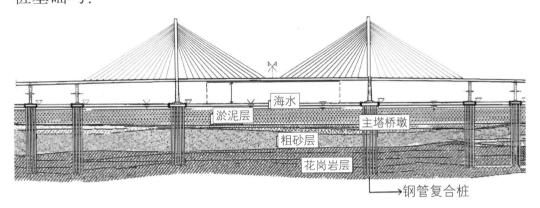

海水

淤泥层

主塔桥墩

粗砂层

花岗岩层

→ 钢管复合桩

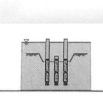

第一步:开挖海床,插打钢管。浇筑填芯混凝土后,拆除其两根钢管桩上的替打段。

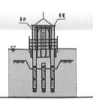

第二步:确定承台预留孔的实际尺寸,清除预制承台整体偏差,用吊架沉放预制承台。

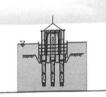

第三步:完成对承台的准确定位。

第四步:向钢管与承台间的止水胶囊注入高压水,胶囊止水后,低潮位时抽干承台内的水,向承台与钢管之间的缝隙(止水胶囊之上)灌注速凝砂浆封堵。

第五步:焊接。确保焊缝牢固后,拆除吊架、临时支撑等。

第六步:拆除余下钢管上的替打段,再切除钢管至设计标高,补强承台钢筋,浇注桩位承台混凝土。

第七步:后浇混凝土在达到设计强度后,在围水结构里注水,拆除钢围水结构,回填基坑。

第八步:将上节段预制墩身运至桥位,完成墩身连接。

答案:是桩基础

可见，桥梁基础有很多不同的施工方法。迄今为止，桥梁基础最深只能到达水深几十米处。为什么呢？这和水的深度、压力有关。压力是施加于某个表面的作用力。静水压力是液体施加给水中物体的压力。静水压力究竟和液体深度之间有什么关系呢？让我们通过一个实验来验证！

 ## 水深与水压

◆ 探究内容

不同的水深与所受压力之间的关系。

◆ 材料准备

高超过 12cm 的空饮料盒 1 个、塑料尺 1 把、记号笔 1 支、水笔 1 支、剪刀 1 把、防水胶带 1 卷、防水卷尺 1 个、水杯 1 个、水盆 1 个。

◆ 操作步骤

1. 借助直尺、记号笔，沿着纸盒高 12 cm 的地方画一周横线。接着沿着线，把纸盒的上部剪下来，并将纸盒内部清洗干净。

2. 再次借助直尺、记号笔，沿着纸盒某一侧面的高线，自下而上于 1 cm、2.5 cm、5 cm、7.5 cm 处分别用圆点标记为 1、2、3、4 号小孔。

3. 用水笔笔芯戳穿所有圆点标记的小孔，每个孔尽量一样大。剪下 4 段胶带，把所有小孔封住。

4. 把处理好的纸盒放入盆中，贴胶带的那一侧朝向水盆内部。以纸盒底边为起点，垂直摆放好卷尺并固定。往纸盒中加满水，然后预测撕下胶带后可能会发生什么。

5. 迅速撕下 4 号小孔处的胶带，用卷尺快速测量出水的最远距离，并及时记录水流变化情况。重复步骤 4 和步骤 5，完成 3 号、2 号、1 号小孔出水情况的记录。

◆ 实验记录

水流最远距离（单元：cm）

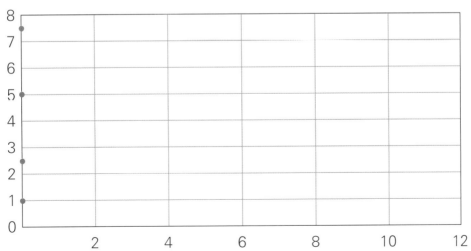

通过研究，我发现_____号小孔出水的距离是最远的，可能是因为_____。这说明_____

_____。

当我们从游泳池的水面向水下运动时，会感觉耳膜承受的压迫感在变大，这就是水压的作用。

实验证明，静水压力随着液体深度的增加而增加。目前的石油钻井平台可以达到水深300米处，这将促进今后桥梁深水基础的设计与施工。

通过安全测试

塔科马海峡吊桥位于美国华盛顿州，始建于1938年。由于建筑师的设计失误，通车不到5个月便倒塌。美国空气动力学家西奥多·冯·卡门经过实验推断，塔科马海峡吊桥倒塌事件的元凶是卡门涡街引起的吊桥共振。这场事故也因此成为建筑史上典型的反面教材。此后，所有的吊桥设计必须经过风洞模型实验。

不论施工完毕的新桥梁（尤其是采用新结构、新工艺、新材料的桥梁结构），还是长期使用的旧桥梁（尤其是因自然灾害遭受损伤的桥梁、设计或施工存在缺陷的桥梁），都需要定期评估它们的使用性能与承载能力，为后期的养护维修、改建使用等提供科学依据，才能切实保证桥梁的安全可靠。

这种评估就叫做"桥梁荷载试验"。

荷载　施加在工程结构上使工程结构或构件产生效应的各种直接作用。

恒载　桥梁恒定不变的实际重量。

活载　汽车和行人施加在桥梁上不停地变化的重量。

除了以上作用在桥梁结构的荷载以外，还有地震、风、雪、土压、水压、冲击力、撞击、施工中的荷载等。

面对这么多的荷载因素，工程师是怎样进行桥梁荷载试验的呢？根据活载的静止或者运动的状态，荷载试验一般分为两种。

静载试验　即利用将静止的荷载作用在桥梁上的指定位置，然后利用多种仪器对桥梁结构的静力位移、静力应变、裂缝等参量进行测试，从而对桥梁结构在荷载作用下的工作性能及使用能力做出评价。

动载试验　即利用某种方法（如跑车试验、跳车试验、刹车试验）激起桥梁结构振动，然后测定其固有频率、阻尼比、振型、动力冲击系数、行车响应等参量，从而判断桥梁结构的动力特性、整体刚度及行车性能等。

让我们也尝试着对自己建造的桥进行一次桥梁荷载试验吧！

 一纸抵千斤？

◆ 探究内容

测试不同桥梁的最大承重水平。

◆ 材料准备

完全相同的A4纸5张、完全相同的回形针25枚、记号笔1支、完全相同的饮料盒2个、尺子1把、剪刀1把、1元硬币50枚。

◆ **操作步骤**

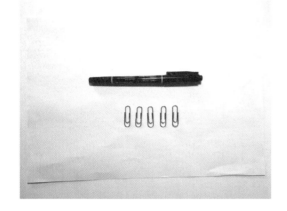

1. 取1张A4纸和5枚回形针，通过折叠、弯曲、撕开、卷起、缠绕、扭转等方法制作出强度较高的纸桥。

2. 重复步骤1，依次制作出5座纸桥，用记号笔分别标记为1、2、3、4、5号纸桥。

3. 饮料盒平行摆放，保持相同高度，相隔15 cm。

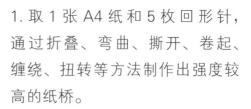

4. 横跨饮料盒上方放置1号纸桥，然后一个接一个往桥面上放置硬币，直到纸桥无法承受而塌陷。记录承受的硬币数量。

5. 重复步骤4，依次完成2、3、4、5号纸桥承受最多硬币数的记录。

🔖 **小贴士**

（1）当放上第 n 个硬币时，纸桥第一次触碰到桌面。最终结果即为 $n-1$。

（2）硬币必须尽量放在桥面中间位置，不能放在纸盒上方。

咖啡师 桥梁工程师

◆ 实验记录

简笔画	结构特色	承载的 最多硬币数	承重 排名
1 号纸桥			
2 号纸桥			
3 号纸桥			
4 号纸桥			
5 号纸桥			

通过研究，我发现＿＿＿＿＿号纸桥的承重能力最强，因为＿＿＿＿

＿＿＿＿＿＿＿＿＿＿＿＿＿＿＿＿＿＿＿＿＿＿＿＿＿＿＿＿＿＿＿＿

8 重视全面养护

　　建好的桥梁也像人一样，有时难免会生病。这时候就需要对桥梁进行定期检查与维修，以保证桥梁能够正常地长期使用。

　　桥梁可能会有哪些"病症"呢？

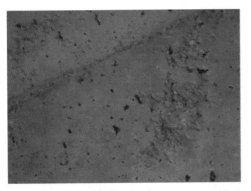

表层缺陷

结构裂缝

　　这些病症不仅需要桥梁工程师的专业诊断，更需要他们准确地"用药"。

支座与伸缩装置更换

桥梁加固

怎样发现桥梁存在问题呢？以港珠澳大桥为例，我们一起看看安装在现代桥梁上的那些秘密武器吧！

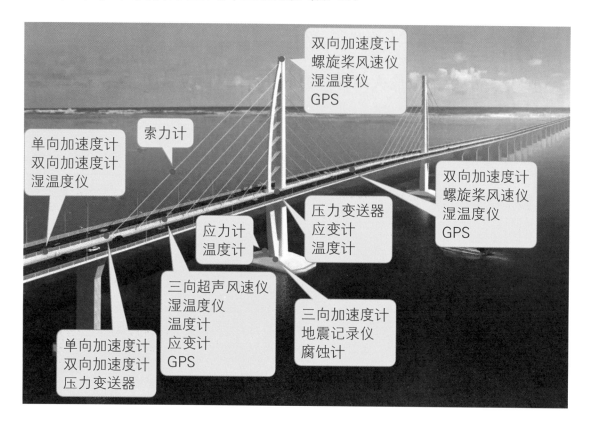

双向加速度计
螺旋桨风速仪
湿温度仪
GPS

索力计

单向加速度计
双向加速度计
湿温度仪

双向加速度计
螺旋桨风速仪
湿温度仪
GPS

压力变送器
应变计
温度计

应力计
温度计

三向超声风速仪
湿温度仪
温度计
应变计
GPS

三向加速度计
地震记录仪
腐蚀计

单向加速度计
双向加速度计
压力变送器

这张图上的红色圆点是在大桥上布置的感应装置，和我们平时用的可穿戴设备相似，即传感器，可以帮助随时监控桥梁的健康状态。

光靠这套"健康监测系统"还不能让人完全放心，桥梁工程师还会定期亲自给大桥做"健康体检"。除了实地肉眼检测，还会借助先进的"爬索机器人""检测机器人"到桥上人去不了的地方，以确保全方位的检查。

让我们通过一个小实验来体验桥梁的养护工作有多重要吧！

铁钉会生锈吗？

◆ 探究内容

不同条件下铁钉的生锈程度。

◆ 材料准备

完全相同的透明杯子 3 个、完全相同的铁钉 3 枚（长度需超过透明杯的直径）、尺子 1 把、记号笔 1 支、镊子 1 把、汤匙 1 把、便利贴纸 6 张、硬卡纸 1 张、白醋若干、食盐若干。

◆ 操作步骤

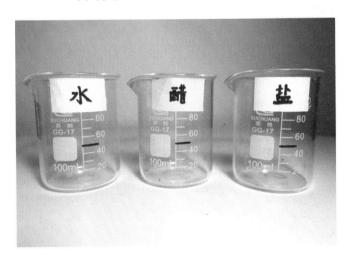

1. 用便利贴纸分别做好"水""盐""醋"3 种标签，分别贴在 3 个透明杯上。再用记号笔在杯子一半高度位置做好记号。

2. 在硬卡纸上画好 3 条平行的直线，将卡纸平均分为 3 个栏目。再用便利贴纸分别做好"水""盐""醋"3 种标签，分别贴在 3 个栏目的区域内。

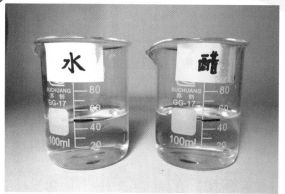

3. 往水杯里慢慢注入凉开水，直到与记号处齐平。再往醋杯内直接倒入白醋，直到与记号线齐平。

4. 往盐杯内加入一定的食盐，然后注入凉开水直到记号处。用汤匙缓缓搅拌，直到食盐溶解。

5. 用镊子往3个杯子里分别放入1枚铁钉，然后计时1小时。同时在记录单上对3枚钉子的生锈情况进行预测。

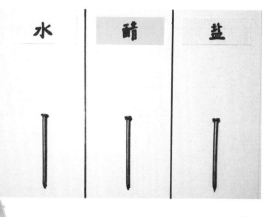

6. 1小时后，用镊子将3枚铁钉从杯子里取出，分别放在硬卡纸对应的区域内，观察30分钟并记录。之后再把铁钉分别放入对应的杯中。每隔1小时，按照同样的步骤进行观察和记录。

◆ 实验记录

透明杯	我的预测	1 小时后		2.5 小时后		4 小时后	
		生锈情况	生锈程度排名	生锈情况	生锈程度排名	生锈情况	生锈程度排名
水杯							
醋杯							
盐杯							

通过研究，我发现 _____ 杯内的铁钉最快生锈，可能是因为

_____。我发现 _____ 杯

内的铁钉最慢生锈，可能是因为_____

_____。

由于众多因素的影响，绝大多数的桥梁都面临着生锈腐蚀影

响桥梁安全的问题。看看港珠澳大桥是怎么解决这个问题的吧！

采用钢管复合桩

采用防水高性能混凝土

喷涂硅烷浸渍防腐涂装

钢筋进行环氧防腐

采用不锈钢钢筋或普通钢筋 + 环氧树脂（绿色）防腐涂层

STEAM实践：
超级大桥我来造

经过前面的技艺特训课堂，相信你已经掌握了八种必备技能！现在，我们离"真正的"桥梁工程师只差最后的一步了，那就是综合运用以上所有技能，用我们的双手建造属于自己的第一座桥！

 设计台湾海峡大桥

港珠澳大桥是连接香港、珠海和澳门的大型跨海通道，耗时 15 年，于 2018 年 10 月 24 日正式通车，从此穿梭于三地的行车时间只需 1 小时左右。桥的全长约 55 千米，由主桥、1 条沉管海底隧道、4 座离岸人工岛组成。桥的设计寿命为 120 年，能抵抗 300 年一遇的风浪、烈度 7 度地震、16 级台风。

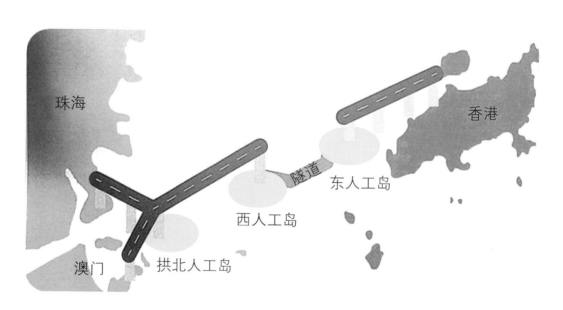

思考以下问题：

（1）港珠澳大桥为什么要设计成曲线型，而不是直线型？

（2）为什么要设计成桥—岛—隧道这样的连接方式？

（3）怎样预防意外事故（台风、海啸、地震、被船撞击）的发生？

（4）海水会对大桥产生哪些影响？怎样应对？

看完港珠澳大桥的骄人事迹，让我们一起畅想一下中国桥梁界的另一个宏伟目标——台湾海峡跨越工程！

台湾岛是中国第一大岛，上世纪四十年代，一些学者就提出了修建海峡通道的想法。2005 年 11 月，第五届台湾海峡通道工程学术研讨会在福建福州召开，学者们普遍认为台湾海峡通道是世界上最长、建设难度最大的海峡通道。

台湾海峡南北长约 330 千米，最窄处仅 135 千米，最宽处也只有 410 千米。海峡中平均水深仅 50 米，风浪不大，石层埋藏有深有浅。

你是不是感觉这样的问题很有挑战性呢？结合港珠澳大桥的启发，根据你查到的资料，拿起纸笔，为这个伟大的工程快贡献你的金点子吧！

 调查地理文化

地理方面

人文方面

其他方面

 设计最强结构

正面	侧面

整体

局部

 # 制作台海大桥模型

设计是一个好的开端，但也只是停留在纸上的美好理想。要把理想化为现实，还需要我们根据设计构建原型。

 ## 挑选合适的材料

纸

乐高积木

雪糕棒

牙签

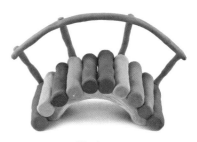

橡皮泥

从各式各样的桥梁模型中，我们发现桥梁的建造可以选择单一的材料，还可以选择多种材料组合搭建，如雪糕棒做桥的梁，橡皮泥做桥的支座，积木做桥墩，扭扭绳做拉索等。我们还应该注意桥梁的同一个结构应统一使用同一种材料，保持美观。如果你想要制作更精美的模型，可以再开发些新的人造材料。当然，你也可以尝试使用天然材料来制作与众不同的桥梁模型。

树叶

泥土

石子

还有……

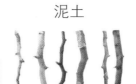
沙子

干树枝

树皮

寻找合适的桥梁建筑材料，并分类收集好。你还可以用它们做一个对比试验，看看哪种材料最适合。

请借助下面这份表格完成材料挑选，并标注在设计图上。

所属桥梁结构	所需材料名称	大约所需数量	备注
上部结构			
下部结构			
附属结构			

 使用合适的工具

挑选好建筑材料，就可以开始施工啦。施工前，我们要根据各自的需要，尽量选择相对安全又方便的工具来对建筑材料进行加工。

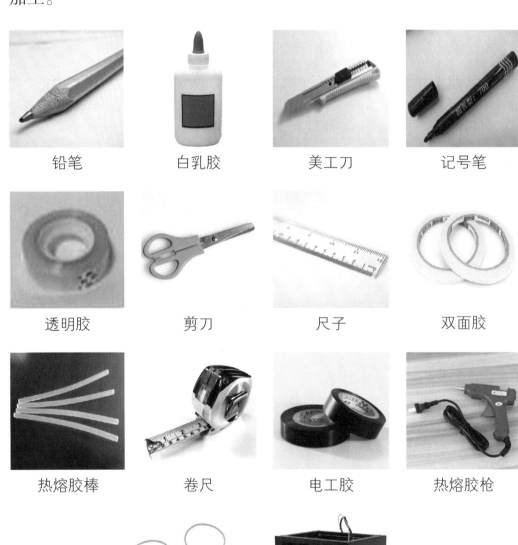

铅笔	白乳胶	美工刀	记号笔
透明胶	剪刀	尺子	双面胶
热熔胶棒	卷尺	电工胶	热熔胶枪

其他……

橡皮筋　　　　3D 打印机

请借助下面这份表格完成工具挑选。

所属桥梁结构	所需材料名称	大致制作效果	所需工具名称
上部结构			
下部结构			
附属结构			

挑选好材料，准备好工具，就可以开始制作啦。制作完就结束了吗？当然不是！这还只是完成了真实的工程设计流程的前几步。

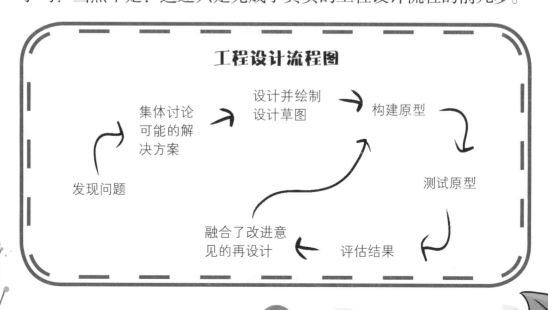

工程设计流程图

完成工程设计之后，把你的处女作拍成照片，洗出来，贴在下方。

——台湾海峡大桥主桥模型最终作品照——

至此，你已经成功掌握桥梁工程师所有的智慧与技艺，从现在起，你就是一名合格的桥梁工程师啦！希望你好好学习，快快长大，把你的本领发挥出来，为这个美丽的世界增添独一无二的桥梁作品吧！